AF499928

SOCIÉTÉ IMPÉRIALE ET CENTRALE

D'AGRICULTURE.

ÉLOGE HISTORIQUE

DE

M. DE LASTEYRIE,

par M. Passy.

Extrait des Mémoires de la Société impériale et centrale d'agriculture. — 1854.

MESSIEURS,

Les découvertes et les inventions, dans les sciences comme dans les arts, sont le fruit de l'instinct de simples ouvriers aussi bien que des méditations des hommes adonnés aux études les plus graves. Il en est ainsi, parce que Dieu révèle impartialement ces miracles de la pensée à des génies qu'il voit cachés au fond des classes sociales ou qu'il laisse s'élever dans les hautes régions de l'intelligence.

Puis il arrive que des esprits d'une autre nature s'inspirent de ces heureuses innovations et les expliquent au monde en les parant des charmes de l'éloquence littéraire. Il faut le dire, elles ne sont ainsi proclamées que lorsqu'elles ont déjà fait leur chemin, que leur fortune est assurée.

Car entre une découverte et son application générale il s'élève presque toujours de formidables obstacles. Pour l'artisan, c'est l'isolement et la pénurie des moyens de la faire connaître; pour le savant, satisfait d'avoir fait faire un pas aux connaissances humaines, c'est quelquefois le haut dédain qu'il ressent pour les avantages pécuniaires qu'elle doit produire.

Puis viennent les habitudes invétérées, la défiance de ceux même dont une invention doit soulager les travaux et l'indifférence du monde dont elle doit accroître les jouissances.

Pour triompher de cette disposition générale il faut combattre, et pour combattre il faut une profonde conviction, animée du sentiment du devoir, soutenue par l'impérieux amour du bien public. Mais avant toutes choses il faut un sens ferme, exquis, pour distinguer, au milieu des fantasmagories du charlatanisme ou des illusions de la paternité, les œuvres que l'esprit humain est toujours en droit d'espérer, et dont l'avenir doit développer les bienfaits.

Messieurs, c'est la gloire modeste et sérieuse de quelques hommes inspirés par une vertueuse et naturelle vocation que de chercher avec ardeur, de rencontrer heureusement et de poursuivre avec persévérance, parmi les conceptions écloses à la lumière, celles que réclament les progrès de la civilisation.

Quand ces hommes d'élite ont jugé qu'une invention peut faire avancer l'intelligence générale, augmenter la richesse publique ou bien consoler des misères, ils travaillent, avec une sage énergie et une constance inébranlable, à la faire comprendre, à la faire apprécier, à la mettre à la portée de chacun ; ils deviennent réellement les inventeurs de l'utilité positive d'une découverte ; leur aide puissante et généreuse féconde et répand la pensée primitive de l'auteur, dont la gloire, dès lors, s'affermit et s'étend. Sans de tels efforts, la plus utile amélioration peut demeurer stérile ou son élan se trouver longtemps retardé.

Les hommes qui se dévouent ainsi aux idées des autres n'ont-ils pas d'incontestables droits à la reconnaissance, à l'hommage de tous les cœurs honnêtes, à une place dans le souvenir de la postérité?

Combien de découvertes décrites et expliquées cependant

ont été regardées comme des jeux d'une vive imagination, jusqu'à ce qu'elles aient rencontré l'un de ces hommes! Combien dorment encore aujourd'hui, attendant qu'une main intelligente et ferme vienne les réveiller !

Notre vénérable confrère M. de Lasteyrie a été l'un de ces hommes de bien appelés, par une volonté ardente et un esprit droit et persévérant, à s'emparer et à promulguer ces grandes améliorations, ces fertiles perfectionnements qui développent les conditions morales et matérielles de la société.

Sa longue carrière a été consacrée à ces pacifiques conquêtes, et il a recueilli cet honneur d'avoir réussi dans les entreprises les plus importantes que lui inspiraient une philanthropie éclairée et la passion d'être utile à son pays.

Le comte Charles-Philibert DE LASTEYRIE DU SAILLANT est né, à Brives, le 4 novembre 1759; nous l'avons perdu en 1849. Sa vie a dépassé les bornes ordinaires de la vie des hommes. La Providence l'a voulu ainsi, parce que les jours qu'elle lui avait départis ne devaient être qu'une succession de jours utiles à l'humanité et de dévouement aux sciences et aux arts.

Il s'était préparé, par l'acquisition de connaissances fortes et étendues et par de longs et nombreux voyages, aux travaux scientifiques qui ont fait briller son nom parmi ceux des hommes qui ont rendu à leur pays de nobles services.

Ses études ont été commencées à Limoges et terminées à Paris. Il se livra bientôt à son goût pour l'histoire naturelle, les beaux-arts et l'économie rurale avec une ardeur que secondait la facilité de consulter les grandes collections que renfermait déjà la capitale de la France.

En même temps, la société des étrangers illustres, que le zèle pour les connaissances humaines attirait à Paris de toutes les parties du monde civilisé, animait les efforts qu'il tentait pour devenir l'émule de tous ceux qui cultivaient les sciences.

M. de Lasteyrie comprit de bonne heure que, pour bien connaître un pays, il faut pouvoir le comparer à d'autres. De l'année 1784 à l'année 1799, il visita l'Angleterre, l'Italie, la Sicile, la Suisse, l'Espagne, la Hollande, le Danemark, la Norwége et la Suède, c'est-à-dire presque toute l'Europe.

Au commencement de ce siècle, il reprit son bâton de voyage, et, le sac sur le dos, il retourna dans plusieurs de ces contrées. Ce fut en 1812 qu'il se rendit à Munich pour la première fois.

Les voyages n'étaient ni aussi fréquents ni aussi faciles à la fin du siècle dernier qu'ils le sont devenus de nos jours. Les communications entre les divers pays étaient lentes et rares; il était donc plus nécessaire qu'aujourd'hui d'aller, dans les régions étrangères, observer ce que la France pouvait leur emprunter de bonnes pratiques pour améliorer sa culture et son industrie manufacturière.

Ces recherches ont été la constante préoccupation de notre confrère, la mission qu'il s'était donnée, et vous savez s'il l'a remplie avec persévérance et succès.

En parcourant la série des ouvrages de M. de Lasteyrie, on se rend compte des faits nombreux et importants qu'il a dû recueillir sur les mœurs, les coutumes, les arts, et principalement sur les conditions où se trouvait, à cette époque, l'agriculture de nos voisins.

Il est à regretter que cet esprit éclairé, judicieux et méthodique n'ait pas donné une relation de ses voyages.

L'exposé des observations faites, à la fin du siècle dernier, sur l'économie rurale des pays étrangers aurait servi à comparer, aujourd'hui et plus tard, les progrès de la culture en Europe.

Sur les sujets les plus intéressants, nous possédons, du moins, de M. de Lasteyrie, des ouvrages qui ont le mérite d'avoir appelé l'attention sur les questions les plus graves. Ils sont toujours consultés par ceux que leurs études appellent à continuer ce qu'il avait été le premier à entreprendre et à faire connaître.

La révolution de 1789 s'accomplissait, et M. de Lasteyrie en acceptait les grands principes alors que les passions et l'aveuglement n'en avaient pas encore troublé la marche par de funestes excès.

L'un des plus anciens membres de notre Société, le vénérable M. Abeille, avait donné à M. de Lasteyrie les premiers conseils sur ses études d'économie rurale. Il retrouva cet ami au milieu de la tourmente révolutionnaire, et il lui dut encore cet excellent conseil, de s'abriter des événements en se livrant tout entier à la pratique de la culture.

Il s'établit donc à Guermantes, près de Lagny, prit le manche de la charrue, et trouva au milieu de ses guérets l'oubli des proscripteurs. En même temps il y rencontra, dans sa famille même, une aimable et vertueuse compagne, et le bonheur du foyer domestique vint calmer, dans sa retraite, les émotions que lui faisaient éprouver les violentes secousses que l'anarchie imprimait au gouvernement de son pays.

Plus tard, il reprit le cours de ses premiers travaux.

M. de Lasteyrie avait l'avantage de parler facilement l'anglais, l'italien, l'allemand et l'espagnol; il a même publié un opuscule dans cette dernière langue.

La nécessité de diriger les études des voyageurs avait inspiré au comte Léopold de Berchtold un livre que M. de Lasteyrie a traduit et publié en 1797, c'est l'*Essai pour diriger et étendre les recherches des voyageurs qui se proposent l'utilité de leur patrie.* Il était naturel que notre confrère s'appropriât ce travail, qui répondait si bien à sa vocation.

A cette époque, toutes les grandes institutions qui avaient pour but l'avancement des sciences, des lettres et des arts n'existaient plus. Elles avaient disparu pendant la terreur; mais leur utilité, leur nécessité se révélaient plus vives, à mesure que les temps devenaient plus calmes et que la société prenait des allures plus libres. L'Institut était fondé.

Le gouvernement, reconnaissant enfin l'avantage de consulter des hommes pratiques sur les questions qui sont du domaine de notre Société, alors dispersée, appela près de lui les agronomes qui pouvaient l'aider de leurs lumières. C'étaient, pour la plupart, les anciens membres de la Société d'agriculture. L'absence de cette ancienne institution devenait plus regrettable, aux yeux de tous, par l'appel même que le ministre de l'intérieur venait de faire.

Heureux de se retrouver encore quelques-uns après ces années d'épreuve, ces vétérans de la science commencèrent à se réunir sous le nom de *Société d'agriculture du département de la Seine*, en 1798.

M. Frochot devint préfet de Paris, et, parmi les actes d'une administration qui a laissé de si grands souvenirs, nous trouvons un arrêté du 8 fructidor an VIII, qui donne une existence régulière à cette Société. Plus tard, il demanda son admission parmi ses membres.

M. de Lasteyrie faisait partie de cette réunion depuis le mois d'août 1798. Il a donc siégé parmi nous pendant plus d'un demi-siècle, à côté de MM. Sageret et de Silvestre, que nous avons perdus presque en même temps que lui, après une longue et utile collaboration.

En 1801, il donnait un mémoire dans lequel il signalait la dévastation des forêts;

En 1802, un plan méthodique des travaux auxquels la Société était appelée;

En 1803, un mémoire sur les propriétés économiques du Bouleau;

En 1804, de concert avec M. Vauquelin, un rapport sur les abeilles, contenant l'examen du propolis.

Mais, dès l'an VIII, il avait publié un traité sur les bêtes à laine d'Espagne, qui fut traduit en allemand, en anglais et en hollandais.

En 1802, il donnait l'histoire de l'introduction des moutons à laine fine dans les divers États de l'Europe et au cap de Bonne-Espérance.

Les voyages dans la Péninsule avaient révélé à M. de Lasteyrie les avantages de cette race; il travailla à son importation en France. C'est l'une des œuvres auxquelles notre confrère a pris le plus de part et l'un des plus éminents services qu'il a été appelé à rendre à son pays.

On sait que, dès l'année 1785, le roi Louis XVI avait obtenu un troupeau de mérinos qui fut placé à Rambouillet et confié aux soins intelligents de M. Bourgeois père; mais, à Montbard, Daubenton possédait déjà cette race depuis quelques années, et en avait compris et proclamé les avantages. C'est à Rambouillet que s'est conservé le type des mérinos en France.

Gilbert et Tessier secondèrent ce grand mouvement; puis la guerre d'Espagne, en 1808, permit d'introduire en France plusieurs troupeaux, et MM. Dailly achetèrent celui que le roi Joachim Murat avait envoyé d'Espagne.

A cette époque, l'éducation des mérinos devint plus générale. M. Bourgeois a traité cette question et a énuméré les difficultés que rencontrait l'établissement de cette belle race parmi nos cultivateurs. Il raconte que, d'abord, ces animaux furent dédaignés. Les propriétaires les donnèrent gratuitement, et cependant on les repoussait; leur viande était réputée malsaine. Une commission de cultivateurs fut nommée pour comparer la viande des mérinos et celle des moutons; le verdict qu'il n'y avait aucune différence fut accueilli longtemps par l'incrédulité persistante de quelques-uns.

Puis l'engouement a succédé à la prévention, et le prix des béliers est monté à un taux inattendu.

La race pure des mérinos ne s'est pas conservée généralement en France; mais les métis forment une espèce rustique qui offre de grands avantages, et dont l'éducation se propage sans cesse.

L'introduction et l'extension des mérinos ont été une des grandes améliorations qu'ont reçues en même temps notre agriculture et nos fabriques, et il faut reporter à M. de Lasteyrie l'honneur d'avoir proclamé avec chaleur les avantages que notre système agricole devait en obtenir.

Un traité des constructions rurales, publié, en 1802, par le bureau d'agriculture de Londres, attira l'attention de notre confrère; il le traduisit et l'enrichit de notes et d'additions importantes. C'était un service considérable rendu à nos campagnes. Les constructions rurales y étaient exécutées au hasard, sans plan, sans ordre. On ne faisait aucune attention aux conditions hygiéniques, sans lesquelles on ne peut espérer maintenir les bestiaux en bon état. Ainsi commença la réforme que nous voyons se propager; les bâtiments sont, désormais, plus généralement adaptés à leur destination; c'est une étude que les propriétaires ne négligent plus, quand ils construisent des bâtiments d'exploitation pour leurs fermes.

M. de Lasteyrie a traité de l'engraissement des bestiaux dès 1804. Nous sommes témoins des progrès que fait de jour en jour cette branche importante de la science agronomique, sur laquelle il appelait, dès lors, l'attention des éleveurs.

En 1805, parut l'ouvrage intitulé *Du cotonnier et de sa culture*, traduit en plusieurs langues. Ce travail devançait d'autres publications auxquelles l'auteur allait se livrer, et qui tendaient à introduire, en France, de nouvelles cultures, sous l'empire de circonstances extraordinaires.

Le système continental établissait d'une manière absolue et violente une situation que la guerre maritime avait commencée. Il fallait chercher à remplacer les denrées et les matières premières que la navigation n'apportait plus à nos manufactures.

On vit alors, en France, un grand déploiement d'activité. Le gouvernement voulut même créer, par décret, un sucre indigène; mais les essais, tentés avec d'énormes dépenses, furent stériles. Puis nous avons vu, dans des conditions libres, l'industrie privée ressusciter la production du sucre de Betterave. La culture de cette racine occupe désormais une place considérable dans nos assolements.

Le Café, l'Indigo, le Coton, toutes les plantes exotiques qu'amenaient les navires nationaux ou neutres étaient devenus rares et hors de prix.

M. de Lasteyrie essaya de diriger les essais que l'on entreprenait pour remplacer ce que l'on ne pouvait plus obtenir par la navigation. Le territoire de l'empire, qui comprenait alors tout un rivage de la Méditerranée, semblait favoriser ces entreprises.

En 1811, M. de Lasteyrie écrivait sur le Pastel et l'Indigo; il conseillait la culture du Riz, appelé à prendre probablement son rang parmi nos céréales.

Nous avons encore à signaler de nombreuses publications de ce laborieux agronome. Tels sont

Les Mémoires qui font partie du *Supplément du cours d'agriculture de Rozier ;*

Des notes sur les animaux à naturaliser en France;

Sur le beurre de la Prévalaye;

Sur une machine à battre le Blé ;

Sur la culture de la Chicorée sauvage ;

Sur la préparation des Olives en Espagne ;

Sur la culture du Souchet tuberculeux;

Puis encore des écrits sur les fosses propres à la conservation des grains ;

Enfin la *Collection des machines et des instruments employés dans l'économie rurale, domestique et industrielle.*

Nous mentionnerons encore l'*Histoire naturelle des animaux domestiques*, suite de petits traités à l'usage des enfants.

M. de Lasteyrie a dirigé d'abord seul, ensuite avec le concours de M. Gillet de Grandmont, le journal des connaissances usuelles et pratiques.

Ce ne sont pas là tous les travaux de notre confrère.

Son fils possède beaucoup de notes et de documents manuscrits, dont une douzaine de portefeuilles sont relatifs à l'agriculture des différentes parties de l'Europe.

Il s'était longtemps et spécialement occupé d'un grand ouvrage sur l'économie rurale des Chinois. Plusieurs parties de ce recueil sont terminées; un grand nombre de dessins y sont réunis. On doit regretter que ces documents, dont maintenant des relations nouvelles et plus fréquentes avec ce grand empire augmentent l'intérêt, n'aient pas reçu une entière publication. Ils sont consultés par ceux qui écrivent la relation de leurs voyages dans ce pays, et M. Ferdinand de Lasteyrie s'empresse de mettre à leur disposition toutes les parties du travail de son père qui peuvent les aider.

Nous n'avions encore à signaler, pour n'être pas coupable d'omissions, que deux livres dus à M. de Lasteyrie, mais étrangers à nos travaux :

D'abord la constitution de la monarchie espagnole, qu'il fit connaître en France en **1814**, et puis le *Catéchisme politique de cette constitution,* traduit de l'espagnol en **1815**.

A cette époque, où tant d'esprits se préoccupèrent des principes sur lesquels se fondent les gouvernements libres, ces publications étaient un aliment sérieux au besoin que l'on ressentait d'études politiques, et M. de Lasteyrie était l'un des hommes qui avaient les vues les plus pénétrantes sur ces questions.

Nous nous arrêterons davantage sur le livre où il développe le nouveau système d'éducation pour les écoles primaires : il date de **1815**. Ici l'agriculture y trouve un intérêt direct, car l'instruction et la moralisation de la classe des ouvriers agricoles sont, pour nos campagnes, un sérieux élément des progrès qu'elles sont appelées à voir se réaliser.

Ce nouveau plan d'éducation pour le peuple eut un grand retentissement, il rencontra une vive opposition ; mais le duc de la Rochefoucauld et M. de Lasteyrie en soutinrent les avantages avec une conviction sincère. Après **1830**, les difficultés disparurent, et dès lors ce système, librement éprouvé, fut jugé plus froidement et plus impartialement. Ce qu'il avait de bon fut adopté par ses adversaires mêmes, et ce qu'il y avait de trop mécanique dans la méthode disparut. Il en est resté ce qui est véritablement utile pour l'instruction primaire, et c'est très-considérable.

Toutes nos écoles ont reçu les améliorations que les idées développées par M. de Lasteyrie avaient promises. Le mouvement des esprits, entretenu par les discussions auxquelles cette nouveauté avait donné lieu, amena l'organisation légale de l'instruction primaire, qu'une loi célèbre réglementa sous le dernier règne.

Quelles qu'aient été, pendant nos derniers troubles, les fâcheuses tendances remarquées dans la classe des instituteurs des campagnes, et les instituteurs seuls n'ont pas été égarés par de fallacieuses théories, l'instruction primaire n'en est pas moins un bienfait qui ne peut être retiré. La connaissance de la lecture, de l'écriture, de l'arithmétique et du dessin linéaire est demeurée une incontestable nécessité pour les classes ouvrières.

Longtemps notre vénérable confrère a présidé la Société établie pour seconder les progrès de l'instruction primaire, Société qui le reconnaissait comme son fondateur.

L'introduction, en France, de la lithographie est l'un des titres les plus éclatants de M. de Lasteyrie à la reconnaissance publique.

Non-seulement les beaux-arts et l'industrie, mais aussi les sciences, ont tiré un grand parti de cet ingénieux procédé. C'est un des moyens les plus complets et les plus économiques de diffusion pour les connaissances humaines, et l'agriculture spécialement en a reçu un puissant secours pour répandre le modèle des machines et les types des bestiaux.

C'est en 1812 que M. de Lasteyrie s'était rendu à Munich pour étudier cet art nouveau, et en apprendre la pratique de Senefelder lui-même. La guerre le força de revenir en France. Mais, en 1814, il retourna en Bavière; il se fit ouvrier, travailla de ses mains, et acquit toute l'habileté qui devait assurer le succès de son entreprise. Rentré à Paris, il y fonda, en 1815, le premier atelier de lithographie. Dès lors cette patriotique importation tomba dans le domaine public pour s'y développer et se perfectionner.

Parmi les établissements utiles que l'on doit à la coopération efficace de notre confrère, je ne saurais passer sous silence la Société philanthropique. Cette institution, qui compte plus de cinquante années d'existence depuis sa rénovation, car elle avait été créée sous Louis XVI, a donné à la charité publique une impulsion régulière et intelligente. Ses bienfaits sont surtout appréciés par les classes pauvres pendant les hivers rigoureux et les années de cherté des céréales. Elle épargne de nombreuses dépenses aux hôpitaux en prévenant les désastres de la faim et des maladies. Ses secours se proportionnent aux misères, et son utilité est depuis longtemps reconnue par ceux de qui elle reçoit et par ceux à qui elle donne.

Une des fondations dont M. de Lasteyrie a été appelé l'un des premiers à s'occuper et dont le succès a dépassé toutes les espérances, c'est la Société d'encouragement pour l'industrie nationale, qui date de 1801. Cette libérale institution est devenue l'un des appuis les plus solides de nos arts mécaniques. Chaque année ajoute aux bienfaits qu'elle a prodigués, aux lumières qu'elle répand si généreusement.

Ainsi les grandes institutions philanthropiques fondées dans notre pays ont reçu de M. de Lasteyrie la sanction et l'impulsion de son expérience et de son active intelligence.

Il n'a pas été aussi heureux dans tout ce qu'il a entrepris; mais ce qu'il voulait de trop bonne heure ou bien en contradiction avec le système du gouvernement n'en était pas moins toujours l'expression du désir ardent d'être utile à son pays, et pour avoir été empêché d'agir il ne faut pas moins lui savoir gré de ce que son cœur lui inspirait de bien, de bon et de grand.

Il avait étudié, à Londres, la constitution d'une société fondée en faveur des hommes de lettres : elle distribuait, aux savants et aux littérateurs infirmes et pauvres, des secours qui leur aidaient à produire des ouvrages que leur situation pécuniaire ne leur permettait pas d'achever ou de publier. M. de Lasteyrie l'avait proposée à son pays; il en avait réuni les membres, le règlement était imprimé, des fonds étaient faits; mais le gouvernement, par des motifs que nous ne savons pas, interdit cette société. Pour expliquer sa pensée, M. de Lasteyrie a publié, en 1801, le projet qu'il avait conçu sous le titre de *Société en faveur des savants et des gens de lettres.*

Des associations formées dans cet esprit ont été établies depuis en faveur des artistes et des littérateurs.

Il est à regretter qu'il ne s'en soit pas établi pour les hommes adonnés aux sciences. Dans le projet primitif ils n'avaient pas été oubliés. Espérons que les vues trop précoces d'un homme de bien se réaliseront un jour.

A cette époque encore, une autre conception de M. de Lasteyrie n'a pas été mieux accueillie. Il avait rassemblé dans l'intérêt de l'agriculture une collection et une bibliothèque où se trouvaient réunis les objets et les livres relatifs à l'économie rurale. Il a proposé plusieurs fois d'en faire la cession au gouvernement, sous la condition pure et simple de la consacrer à un établissement public; son projet n'a pas été adopté. Ces collections ont été données par lui à la Société pour l'encouragement de l'industrie nationale.

Telle est, Messieurs, la série des œuvres principales de M. de Lasteyrie.

Ajoutons que le caractère et les vertus de cet homme étaient dignes de la vocation à laquelle il s'était senti appelé dès sa jeunesse, et qu'il n'a jamais désertée.

Né dans une classe dont les préoccupations étaient alors si différentes de ce qui a fait l'étude de toute sa vie, il refusa les honneurs et les avantages promis à sa naissance, pour se consacrer aux sciences économiques, aux beaux-arts, à l'industrie, à l'agriculture qu'il a pratiquée comme un simple laboureur.

Il a donné l'exemple des vertus les plus solides; son aménité, les grâces de son esprit, sa douceur attiraient vers lui et lui attachaient tous ceux qui venaient chercher des inspirations et des conseils près de celui qui avait étudié tant d'hommes et tant de choses.

Il est mort entouré des respects de tous et avec la consolation d'avoir servi son pays avec un profond désintéressement, une constance à toute épreuve et un dévouement sans bornes. Il fut un citoyen utile pour sa patrie. Ces mots simples sont tout son éloge, et il n'en a pas cherché d'autres.

Les hommes oublient facilement leurs véritables bienfaiteurs. L'éclat, le bruit, les situations éclatantes séduisent leur admiration. Le nom de ceux qui ont rendu de réels et d'honnêtes services à la société est à peine redit à côté du nom sonore des grands acteurs qui jouent un rôle dans le drame de la vie des nations. C'est donc justice que de rappeler au souvenir des contemporains, si ce n'est de l'histoire, qui les oublie moins, les actes des hommes qui se sont uniquement consacrés au bien, de montrer comment leurs travaux, poursuivis à travers tous les obstacles, ont servi et serviront toujours à développer les bienfaits de la civilisation, à seconder la marche de l'esprit humain, à affermir les cœurs dans la voie de la justice, de la raison et de la vertu.

IMPRIMERIE DE MADAME VEUVE BOUCHARD-HUZARD, RUE DE L'ÉPERON, 5.

www.ingramcontent.com/pod-product-compliance
Ingram Content Group UK Ltd.
Pitfield, Milton Keynes, MK11 3LW, UK
UKHW012313240726
13966UKWH00005B/1856